有一种花名叫月见草。它高大而纤细，长有嫩黄色的花瓣。你可能听说过这种植物，因为由它提取的月见草油具有药用价值。许多植物都这样被我们应用，可能还有许多植物的药用价值有待我们去发现。月见草的药用特点虽然有益，但称不上神奇。月见草真正的神奇之处在于，它可以“听到”声音。

月见草当然没有耳朵，但它铃铛般的花朵经过不断地演化，可以将一种特定的声音聚拢到花朵的中心。这种声音就是蜜蜂发出的嗡嗡声。你肯定知道，声音本质上是由空气振动产生的，所以也许月见草是能感受声音，而不像我们人类那样听声音。那么它为什么对蜜蜂的嗡嗡声如此敏感呢？原来，当月见草感受到蜜蜂的声音时，就会提高花蜜的含糖量，蜜蜂就会忙着喝掉这些甜美的液体，与此同时……蜜蜂的全身上下就会不知不觉地沾满月见草的花粉。蜜蜂会带着花粉转移到其他月见草的花上，之后嘛……太好了，月见草授粉成功！这样的过程十分有趣，也许它正发生在大家的花园里！

你看，如果我们觉得只有动物才称得上有趣、聪明、狡猾或值得关注，那就大错特错了。植物同样有着非凡的吸引力，令人着迷。本书会带来十分精彩的故事，告诉大家植物非常、非常重要。我们必须学会欣赏、关爱和赞美植物，懂得保护它们。许多植物正处于灭绝的危险之中——森林遭到砍伐，沼泽逐渐干涸，草甸变成了耕地，这些都对地球的健康构成了可怕的威胁。关爱植物对我们的未来至关重要，所以请准备好，继续欣赏《绿色星球》带来的奇妙故事。

—— 英国自然学家　克里斯·帕卡姆

绿色星球

[英] 莱斯利 · 斯图尔特-夏普 著
[加拿大] 金 · 史密斯 绘　狄岚 文静 译

中信出版集团 | 北京

图书在版编目（CIP）数据

绿色星球 /（英）莱斯利·斯图尔特－夏普著；（加）金·史密斯绘；狄岚，文静译. -- 北京：中信出版社，2022.12

书名原文：THE GREEN PLANET

ISBN 978-7-5217-4746-1

Ⅰ. ①绿… Ⅱ. ①莱… ②金… ③狄… ④文… Ⅲ. ①植物－少儿读物 Ⅳ. ① Q94-49

中国版本图书馆 CIP 数据核字 (2022) 第 167422 号

绿色星球

著　　者：[英]莱斯利·斯图尔特－夏普
绘　　者：[加拿大]金·史密斯
译　　者：狄岚 文静
出版发行：中信出版集团股份有限公司
　　　　（北京市朝阳区惠新东街甲4号富盛大厦2座　邮编　100029）
承 印 者：鹤山雅图仕印刷有限公司

开　　本：787mm×1092mm　1/8　　印　　张：8　　字　　数：200千字
版　　次：2022年12月第1版　　印　　次：2022年12月第1次印刷
京权图字：01-2022-3735
书　　号：ISBN 978-7-5217-4746-1
定　　价：58.00元

出　　品：中信儿童书店
图书策划：知学园
策划编辑：姜晓娜 陈苏荃
责任编辑：曹威
营销编辑：姚梦云 潘琳
封面设计：谢佳静
内文排版：杨兴艳

绿色星球

大约 5 亿年前，最原始的陆地植物就已在这块名为地球的荒凉巨岩上蔓延生长，这比恐龙漫步的年代要久远得多。微小的苔类和藓类扎根于地面，促成了第一片土壤的形成，并向空气中释放氧气。这颗星球由此成为一颗绿色星球。

今天，从池塘中微小的浮萍到陆地上高大的巨杉，植物依然是地球上的主导，比任何其他生物都重要。尽管我们很容易忽视植物的存在，但正是因为它们能“吃掉”阳光、产生食物、释放氧气、促进降雨，我们的每一次呼吸和每一口食物才有了保障。

我们与植物息息相关、密不可分，所以我们必须了解这颗绿色星球的形成过程。在植物的世界里，我们通常会感觉时间过得比较慢——仅是舒展一片叶子就可能需要几个星期。但在工作人员的耐心拍摄下，我们可以将几个月的生长进程浓缩至几分钟，以此窥视它们的隐秘世界。

请注意：植物世界绝非和平之地，通常这里会是一片激烈的战场。

虽说植物没有大脑，但它们依然很“聪明”，有着不亚于动物的智慧，甚至可以“欺骗”动物为它们服务。植物也会关心其他同类，它们有嗅觉、味觉、触觉、听觉，甚至可以**“交谈”**。

因此，让我们一同探索我们的绿色星球：这个隐秘的植物世界，远比想象中还要美妙。

带来生机的植物 I

“吃掉”阳光

每天，在我们周围，植物都在通过**光合作用**施展“魔法”。

橡树

叶子吸收**阳光**，它们就像是植物装上的太阳能电池板一样。

叶子通过**气孔**从空气中获取**二氧化碳**。

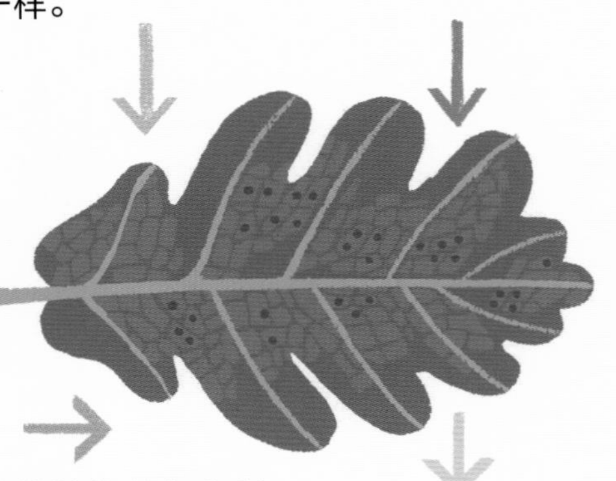

水从植物的根部被输送到叶子。

氧气被释放。

产生食物

叶子开始工作，通过光合作用将这些成分变成糖（能帮助植物生长的食物）等有机物和氧气。一些糖分被直接用掉，其余的则被储存在植物的叶子、根部或果实中，供以后使用。

正是有了光合作用，植物才能释放氧气。

树干

水被根吸收……

树根

释放氧气

在光合作用中，氧气通过叶子的气孔被释放到大气中。令人难以置信的是，大约 8 棵树就能提供一个人全年所需的氧气。

促进降雨

有的成龄树木一年可以吸收约 5 万升水，这大约是一辆消防车储水量的 20 多倍！但是，植物吸收的水并没有被全部储存起来，一些水被用来在植物内部向上输送养分，还有一些用于给叶片降温。水会通过叶子的气孔蒸发，从而使植物的温度下降，这个过程被称为**蒸腾作用**。

蒸发的水分进入天空，形成云。云遇到冷空气后，凝结成小水滴。这些水滴逐渐变大，然后以雨、冰雹或雪的形式落回地表，水便完成了一个循环。

亚马孙雨林中的植物会蒸发大量的水分，在空中形成一条看不见的“河流”，比陆地上的任何河流都要大。

在我们的周围，植物们都在忙着吸收阳光、产生食物、释放氧气、促进降雨。但这些并不是它们的全部工作。

带来生机的植物 II

有性生殖

像所有生物一样，植物都以**繁殖后代**（创造新生命）为使命之一。大多数植物通过**开花结种**或**释放孢子**的方式进行繁殖。

开花结种

有花植物的生命周期从种子生长开始——这个阶段被称为**萌发**。

幼苗不断生长，成熟之后就会开花，产生**胚珠**（类似于卵细胞）和名叫**花粉**的微小颗粒。二者是有花植物繁殖必不可少的。花粉必须离开产生它的**雄蕊**，到达**柱头**（与胚珠相连），授粉才算完成，植物才能结出种子。

花粉可以由风或水在花朵之间传递，也有许多植物以传粉动物，如鸟类、昆虫、蝙蝠或其他小型哺乳动物作为媒介。植物们会用鲜艳的颜色、精致的形状、甜美的花蜜或摄人心魄的香味来吸引传粉动物的注意。

动物们在花朵附近活动时，花粉会沾在动物的身上，随后落在它们接触的其他植株上。植物可以通过这种**异花授粉**的方式结出种子。

种子成熟后，就要为自己找到一片空间，以便长成新的植株。有些种子会从果荚中**爆出**，有些则会被风、水或者动物**带到远方**。有些种子会挂在动物的皮毛上，有些种子则**藏在**果实里，以一种不太光鲜的方式传播——被吃下去然后**拉**出来。

释放孢子

有些植物，如**蕨类**和**苔藓**，并不会开花。它们会释放出数以百万计的颗粒，名为**孢子**。小不点儿孢子就像种子一样，由风、昆虫或鸟类带去其他地方。只要它们落在合适的地方——温暖、湿润而阴凉的环境最为理想——新的植株就会长出来。

无性生殖

除了靠种子或孢子繁殖外，一些植物还可以进行无性生殖。这是指植物不借助其他植株而实现自我复制。

水仙花、**风铃草**和**雪滴花**可以在地下产生新的**鳞茎**来复制自己。这些鳞茎可以储存能量，以备来年春天生长开花。

块茎是一种肥大的地下茎，可以长出新芽——新的**马铃薯**植株就是这样长出来的。

许多**草本植物**和一些**食虫植物**的茎生长于地下，叫作**根状茎**。根状茎可以再长出幼芽和根系，形成新的植株。

一些**草本植物**，如**草莓**和**吊兰**，它们的一些茎会沿着地面匍匐生长，被称为**匍匐茎**。

为了生存，植物一直在争夺阳光、养分、空间和水。让我们跟随它们的故事，拨开叶子，窥视地下，探索我们的绿色星球。

雨林天地

阳光之战

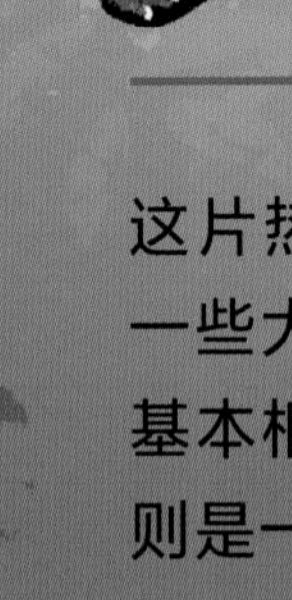

这片热闹非凡的热带雨林被植物们无声地统治着。一些大树超越了遮天蔽日的林冠层直插云霄，大家基本相安无事。而在林冠层下方，昏暗的森林地面则是一片**战场**。

即使在正午时分，太阳高悬，也只有少许光线会像小型聚光灯一样射穿林冠层。在一些地方，只有不到 5% 的阳光能照射到地面。

在缺少光照的情况下，植物的生长速度就会变慢，所以各种植物必须想方设法获得更多的光照。攀缘植物缠绕着树木一直**向上**攀爬，而在空中生长的**附生植物**创造了自己的一片天地，它们的根部以及整株植物都悬在地面以上。

各种树木极力地抻长身体向上生长，都想像大本钟那般高大，不过一些长得高的树木又将面临来自空中的新威胁。

在一些雨林中，有些参天大树会遭雷击而倒下，这给林冠层留出了空隙。

阳光

倾泻

而下……

这正是地面植物急切盼望的好机会。

突然间，比赛开始了，即使那些生长最慢的植物也全身抖擞，竞相向着阳光生长。长了十年仍然矮小的年轻树木们如今要冲向天空了，而周围到处都是萌发的幼苗。

争夺阳光的战斗激烈异常。

雨林天地的妙趣故事

生长迅速的“快餐店”

快看，雨林中出现了一道缝隙。在哥斯达黎加郁郁葱葱的雨林里，一棵老树倒下了，这为一棵**轻木**提供了生长的好时机。这棵树干纤细、枝条略显杂乱的轻木正在忙着与时间赛跑。

轻木的幼苗以令人叹为观止的速度**生长**着，等到10岁时，它就能长到27米高（这相当于腕龙的两倍高）。它绝不是雨林里最粗大的树木，也不是最为坚实的。

不过这些都在它的计划之中。

对轻木来说，时机决定了一切。在其他植物都因旱季而放慢生长节奏时，轻木会在下午开花——**硕大繁盛**的花朵会压得枝条低垂。轻木的花朵整晚开放着，里面满是香甜可口的花蜜。很快，轻木就成了附近最繁忙的“快餐店”。

两个口渴的快餐店常客来了：害羞的**蜜熊**和**中美绵毛负鼠**。它们来这里是为了痛痛快快地享用花蜜。

它们喝完一朵花的花蜜，又去找另一朵花——毛茸茸的脸都沾满了轻木的花粉。就这样，它们一边喝花蜜一边就为花朵完成了传粉。

轻木生长得很快，倒下得也很快，作为树木来说，它的一生非常短暂。

不过它绝对是雨林中最受欢迎的“快餐店”。

“口水”池塘

狡猾的**猪笼草**很清楚怎样才能得到美食。

这些“小罐子”其实是一个个死亡陷阱，它们会散发出让毫无戒心的虫子**难以抗拒**的气味。虫子一不留神就会从“罐子”光滑的边缘滑进**致命**的“口水”池塘。

猪笼草只要设好陷阱，就可以守株待兔了……

一只蚂蚁匆匆经过。

失足掉入陷阱。

在劫难逃。

然而，在加里曼丹岛最高峰的山坡上，常常阴雨连绵，可供猪笼草诱骗并充当午餐的虫子很少，而且土壤中的**氮元素**含量很低，难以满足植物生长的需要。

这种像大怪物一样的植物，名叫**基纳巴卢山猪笼草**。它为了解决氮元素缺乏的问题，从其他地方下手，想出了一个非同寻常的办法。

你看，它的大餐来了。

爱吃甜食的**山地树鼩**小心翼翼地靠近猪笼草张开的“罐口”，它双脚踩在“罐子”边缘，然后抬头舔食猪笼草会分泌糖汁的“罐盖”。

它会掉进“口水”池塘里吗？

它的屁股就悬在**“罐口”**的上方……

扑通！

山地树鼩拉臭臭了。

这正是基纳巴卢山猪笼草期待的结果。山地树鼩的粪便或许味道不怎么样，但它富含的氮元素却是猪笼草十分需要的。

雨林天地的居民

快去找“护士”！

当繁茂的林冠层出现缺口时，生长速度飞快的**轻木**能很快修补“伤口”，它们也因此被称为护士树。

轻木

轻木会迅速长出宽大的叶片，不断地向上长呀长，不久就会遮住下方幼苗所需的阳光。

树叶的疏忽

许多植物可以利用“化学武器”抵御昆虫的攻击。有的植物在首次遭到昆虫啃咬时，会发出一种化学信号，通知自己的其他部位（或者邻居）小心入侵者。

面对这些防御措施，**切叶蚁**会施展一种狡猾的战术，让植物毫无察觉。切叶蚁不会啃食叶片，而是利用每秒可以振动 1000 次的下颚，如同电锯一般干净利落地将叶片切割下来，这种方式是植物很难发现的。切叶蚁不吃叶片，它们想到了一个好办法：利用叶子培养真菌来喂养幼虫。

在植物“意识”到自己遭到攻击之前，切叶蚁能够切下树木上多达 20% 的叶片。

切叶蚁

“吸血鬼”

凯氏大王花是生长在加里曼丹岛雨林地面上的“吸血鬼”。它没有可进行光合作用的叶子，而是会侵入攀缘植物的身体里，吸取养分和水分。大约五年后，凯氏大王花酷似卷心菜的花苞便会冲出攀缘植物的身体，绽放出世界上最大的花朵。它散发出腐肉的气味，吸引苍蝇（它最喜欢的传粉动物）前来，因此也被称为腐尸花。

凯氏大王花

棘手的情况

林冠层出现的“伤口”可能会让入侵植物有机可乘，例如快速生长的**银叶藤**。这种植物的茎上长满了像钩子一样的短毛，这能帮助它压制周围的植被。这些短毛还可以像尼龙搭扣那样，困住毫不知情的鸟类、哺乳动物和昆虫。在马达加斯加，曾有报告称，银叶藤居然在一平方米的区域（约为一条浴巾的大小）内困住了多达 40 只蛙类动物。

艰难播种

在热带雨林地区，种子一落地就会受到昆虫、哺乳动物和真菌的围攻。幸好，加里曼丹岛的**龙脑香树**早有对策。它是热带地区最高的树之一，每隔几年就会集中能量结出大量的种子。这些种子就像微型直升机一样，同时从空中盘旋而下。

落下的种子实在太多了，**婆罗洲须猪**等动物根本吃不过来，于是一些种子得以幸免，成长为下一代的参天大树。

龙脑香树的种子

婆罗洲须猪

弥补林冠空隙

随着时间的推移，所有的参天大树都会自然地走向生命尽头，为下方渴求阳光的植物在林冠层腾出空间。但是如今，因为木材砍伐和荒地开垦，很多高大树木的寿命被缩短了。

现在，约 70% 的雨林植物距离道路或人为开辟的空地不到 2 公里。森林被人们化整为零，栖息地变得支离破碎。因此受困扰的不仅是需要在森林中自由穿梭的野生动物，还有总是在“移动”的植物。种子需要远离母株才能避免彼此争夺光照、空间、水分和养分，否则森林的健康就会受到影响。

但这些问题有望改善。

世界各地的人们都在致力于植树造林，构建野生动物走廊，让古老的森林再次相连。

即使所需时间漫长，但只要我们坚持不懈，森林一定可以痊愈。世界各地的人们必须持之以恒，不断努力，新一代的植物才能蓬勃生长。

荒漠世界

下一场雨吧

雨林中的植物都在争夺阳光，而荒漠中的植物则瞄准了另一个目标：水。因为缺水，荒漠中的生活非常艰难。在干渴难耐的环境中，一些毅力超群的植物练就了充分利用每一滴水的高明手段。

有些植物不长叶子，或者叶片长得很小、很厚，不容易失去水分。有些植物的枝干像水桶一样粗壮，可以储存水分。还有些植物喜欢从邻居身上**盗取**水分。那些储存了水分的植物当然要保护自己不受其他动植物的伤害，它们的手段通常很有攻击性，比如仙人掌就长有针一般的尖刺。

除了会偷盗、储存以及守护水分的植物之外，还有不少沙漠植物会长时间呼呼大睡，等待降雨的来临。这样安静等待的时间可能会相当漫长。

北美洲的索诺拉沙漠迎来了第一场降雨，沙土中对此期待已久的种子现在终于有机会生根发芽。沙漠中涌现出很多植物，比如可以绵延好几公里的**花菱草**。

景色很美，但也很短暂。

当干旱再度降临，花朵纷纷凋落，**哈布尘暴**将卷起漫天黄沙。

植物的种子会随风散布到沙漠的各个角落，开始又一次期盼降雨的漫长等待。

荒漠世界的传奇故事

忠诚卫士随时待命！完毕！

在北美洲的大盆地沙漠，**渐狭叶烟草**决心保护自己多汁的叶片。它会分泌致命毒素——尼古丁，这种毒素能防御大多数动物。不过它会容忍**烟草天蛾**靠近自己，帮忙传粉。

渐狭叶烟草的花朵可以散发出看不见的化学物质，吸引烟草天蛾在夜间赶来。

但是烟草天蛾很不懂礼数，经常会偷偷在叶片上产卵，孵化出的**毛毛虫**会啃食渐狭叶烟草的叶片。

这些毛毛虫对尼古丁耐受，而且每一只的胃口都极好。

幸运的是，渐狭叶烟草长着一层可口的茸毛（昵称是致命棒棒糖）。

毛毛虫贪婪地在茸毛丛中**爬行**，**吞食**着美味，但是……

闻一闻……毛毛虫的身体散发出一种会吸引周围捕食者的气味。

再闻一闻。
渐狭叶烟草的救兵来了……

大眼长蝽驾到。

大眼长蝽是来帮忙的，它们可以消灭毛毛虫和还没有孵化的虫卵。

哎呀，有几只毛毛虫侥幸活下来，它们越长越大，**越长越大**。

很快，毛毛虫的颚已经强壮到可以啃食叶片了。当毛毛虫咬下第一口时，植株的叶片之间就开始传递信号，整棵植株都警惕起来。

叶片中的化学物质能让毛毛虫的便便散发出一种特殊的气味，向渐狭叶烟草的终极后援发出求救信号……

沙原鞭尾蜥来啦！

泰迪熊圆柱掌一点儿都不可爱

泰迪熊圆柱掌看起来毛茸茸的，似乎很可爱，但它们的刺长着锋利的倒钩。它长出的果实也覆盖着这样的刺。如果有动物靠近，这些刺就会猛地扎进动物的皮肤，留在它们身上，警告入侵者别想靠近泰迪熊圆柱掌汁水丰富的叶片。

等一下，这是什么？

一种比泰迪熊圆柱掌更可爱的小动物窸窸窣窣地跑来。原来是**白喉林鼠**，这些毛茸茸的小家伙长着明亮的大眼睛。其实，它们是建筑高手。

大部分动物都不敢靠近泰迪熊圆柱掌，可白喉林鼠能用泰迪熊圆柱掌长满尖刺的果实建造堡垒。令人意外的是，它们可能偶尔也会被轻轻扎到，但并无大碍。

白喉林鼠会在布满尖刺的堡垒中存放银器、假牙等偷来的“宝贝”，并住在里面养育后代。

好在，泰迪熊圆柱掌也能从中受益。有些没被白喉林鼠吃掉的果实可能会被撞出堡垒，滚动到新的地点生根发芽。

仙人掌的小伙伴

北美洲的索诺拉沙漠长着一种像树木一样高大粗壮的巨人柱，它的茎干像桶一样，是圆柱形的，并且长有像手风琴一样可以开合的褶皱。一棵巨人柱最多可以储存 6 吨水（足够填满浴缸 18 次）。但这些水只够巨人柱生存几个月的时间。有的时候，**吉拉啄木鸟**会用又长又尖的鸟喙在茎干上凿洞，巨人柱储存的宝贵水分就会蒸发。

于是，巨人柱分泌出黏稠的汁液修复伤口。汁液变硬后，形成厚厚的内壁，使其成为一个靴子形状的洞穴，这很适合给吉拉啄木鸟作窝。

其他动物也“听说”住在巨人柱的茎干里面非常舒适，所以吉拉啄木鸟搬走后，**姬鸮**搬了进来。时间一年年过去，巨人柱上的洞穴里住过很多种动物居民，使索诺拉沙漠成为生态系统多样性最为丰富的地区之一。

荒漠世界的居民

树干上也能挖大洞

生长在津巴布韦的**猴面包树**生命力很强，能够存活数千年，它的树干可以储存几千升的水，因此可以熬过漫长的旱季。但有些地方的猴面包树正承受着巨大的压力：面积不大的区域里聚集了太多饥饿的大象。它们会挖开猴面包树柔软的树皮，啃食其中富含水分的海绵状纤维，它们挖出的大洞对一些最古老的猴面包树来说已经难以承受了。

猴面包树

非洲象

来点儿便便吧

圣佩德罗马蒂尔岛是墨西哥加利福尼亚湾的一个面积狭小的岛屿，人们叫它鲣鸟岛，因为这里居住着成千上万的**蓝脚鲣鸟**和**褐鲣鸟**。

鲣鸟多的地方，鸟粪就多，因此这里的土壤很不适合植物生长……但也有例外，那就是**武伦柱仙人掌**。这里的武伦柱数量比全世界其他任何地方的都多，它们可以在堆满鸟粪的土地上生根发芽，并从雾气中吸收水分。

武伦柱

荒漠中的盗贼

狡猾的**仙钗寄生**靠偷取邻居的水分维生。仙钗寄生的种子被**智利小嘲鸫**吃掉之后，会在它们排便时掉落在**鹿角柱属仙人掌**的刺上面。仙钗寄生的种子会伸出细长如手指般的穿生根，探进仙人掌内部。仙钗寄生在仙人掌的身体里越长越大，享受着里面充足的水分，最终冲破仙人掌的外皮，绽放出美丽的红色花朵。

仙钗寄生的果实

生长缓慢的老寿星

美国莫哈维沙漠的**三齿团香木**，学会了怎样耐心而缓慢地一点点吸收水分。它的生长速度非常慢，50 年时间只能长 32 毫米左右，相当于成年人眼睫毛平均长度的 3 倍左右。这圈毫不起眼的三齿团香木已经差不多 11 700 岁了，是全世界年龄最大的几丛灌木之一，比猛犸象和剑齿虎还要古老。

荒漠世界
艰难求生

荒漠中的植物生存非常艰难，它们通过各种不同的方法适应荒漠中严酷的自然环境。

索诺拉沙漠中的巨人柱，高度可以达到成年人身高的 7 倍，重量相当于 7 头公牛，寿命可以达到 200 年，它们能够承受一定程度的炎热、寒冷和干旱气候。直到如今，这种微妙的平衡对它们依然有利——对其他动植物也一样。巨人柱是索诺拉沙漠生态环境的基础，它们可以给动物提供食物和居所，帮这些动物生存下来。但是巨人柱在年幼的时候必须依靠其他植物才能存活下来。

它们的一生从种子开始，小鸟会吃掉种子，然后在排便的时候把种子抛在“保姆树”，比如牧豆树和扁轴木属植物的树荫下。白天，这些树木可以给巨人柱幼苗遮挡酷热的阳光，晚上又能帮它们抵御寒冷的气温。

但如今的荒漠世界正在发生变化。全球温度越来越高，很多“保姆树”因为人类的干扰相继死亡。

科学家统计得知，每 1 万棵成年巨人柱才能繁育出 70 棵巨人柱幼苗，它们未来的命运实在令人担忧，其他很多与它们命运相连的物种也一样。我们只能祝福这些荒漠中顽强的植物，希望它们的种子可以找到更适宜的生长条件——不太热、不太冷，也不太潮湿——这样索诺拉沙漠才能再次成为巨人柱的海洋。

水生世界

来自深水的生命

一些科学家认为，地球上的生命可能是在大约 40 亿年前，从一个深海喷口周围进化而来的。在我们的水世界中，海洋生物逐渐繁衍生息并扩散。其中一些简单的绿藻在植物征服这颗荒凉星球的过程中发挥了**重要**作用。

研究表明，在大约 5 亿年前，藻类或许已经离开了海洋，开始探索水面之上的世界。随着时间的推移，有的逐渐适应了湿润的陆地环境，然后，这些新的生命形式又经过缓慢的演化，适应了陆地上较为干燥的地带。它们开始形成根系，以便吸收地下的水分和养分；长出茎干和枝条，以便获取生命所需的阳光；长出花朵，以便进行繁殖。它们创造了一片富含食物和氧气的土地，推动了动物演化进程的大飞跃。

但是植物的演化还没有结束。

在一个戏剧性的演化大转弯中，许多植物再次踏上征程，抛弃了它们的陆地适应能力，演化成了新的水生植物。然而水下的生活非常残酷。水环境中可能缺乏养分，而且动荡不安——植物要么固定在一处，要么就会被冲走。

虹河苔

在哥伦比亚湍急的卡诺克里斯塔莱斯河中，一种名为**虹河苔**的水草利用“根”（根状茎）将自己固定在河床上。在丰水期，当河水水位升高时，河底的虹河苔开始忙着生长。河水水位下降时，充足的阳光和空气会促使虹河苔变成鲜艳的红色。蓝色河水中的红色虹河苔叶子在水底黄色沙层和黑色岩石的上方摇曳，把河流变成了一道彩虹。

在地球的许多角落，水生植物的大部分时间都是在水下度过的。所以当水位降低时，它们便会露出水面开花。时机至关重要——它们必须在水位再次上涨之前吸引传粉动物前来传粉并结出种子。

欢迎来到充满变化的水生世界。

水生世界的紧张故事

洪堡狸藻的攻击

在委内瑞拉名为特普伊的平顶山上，雨水冲刷着岩石，带走了土壤和养分。这里潜伏着一种“邪恶”的植物：凶残的**洪堡狸藻**。洪堡狸藻是世界上最大的一类食虫植物。这台纤细的绿色捕虫机器让毫无戒备的**凤梨科植物**成了它最好的朋友。

凤梨科植物的叶子会在基部形成漏斗状的空间储存水分，这些小型水塘中栖息着各种各样的无脊椎动物，包括**甲虫**、**蜘蛛**、**蝌蚪**和**蝎子**。

但是这种水塘中并不安全。一株洪堡狸藻开始捕猎了。它那细长的、像触手一样的匍匐茎慢慢地伸进凤梨科植物的水塘中，不动声色地在小动物们的周围生长着。

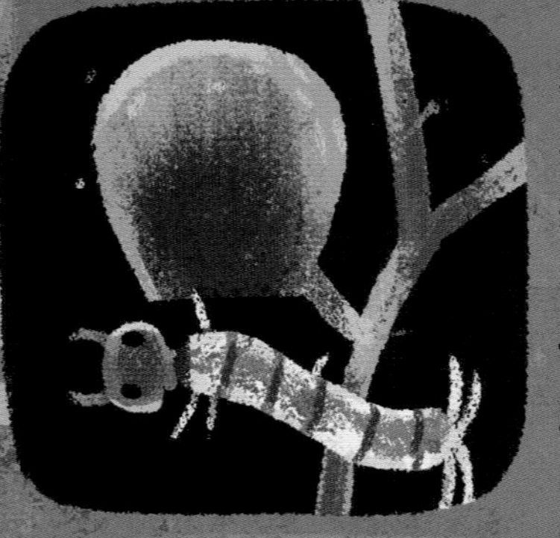

每根匍匐茎上都会长出多个大头针针头大小的防水捕虫囊，捕虫囊上还长有能触发机关的感应刚毛。一只毫无防备的**昆虫幼虫**经过捕虫囊。

当心……有陷阱。

它靠得**越来越近了。**

幼虫经过时触发了机关，**嗖！**

幼虫被吸了进去。

在植物界，几乎没有捕食者的攻击速度比洪堡狸藻的更快。

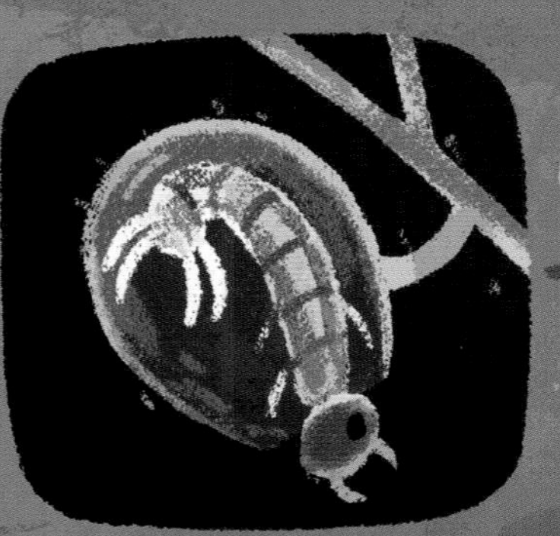

洪堡狸藻开始消化猎物，而幼虫在透明的“牢房”里仍能看到外面的世界。

陷阱再次准备就绪。

很快又会有一只小型猎物游过。

挑剔的捕蝇草

在美国北卡罗来纳州的绿色沼泽自然保护区中，营养贫瘠的积水土壤对于有花植物的生长非常不利。然而，有一种植物却很活跃。

多种酷似外星生命的植物在这里生长——这是一个充满了黏液触手陷阱（来自**茅膏菜属植物**）和陷坑陷阱（来自**猪笼草属植物**）的世界，食虫植物借助这些陷阱捕捉猎物。然而，这些饥饿植物中的王者非**捕蝇草**莫属。

捕蝇草可以张开和闭合的叶片就像一张长满牙齿的大嘴，而且它在捕猎时有所选择，狡猾的捕蝇草只对那些较大的猎物下手。

有东西碰到了捕蝇草的一根感应刚毛。它可能并不是猎物，最好先等等看。

另一根感应刚毛也被触碰了。两次触碰之后，捕蝇草的叶片开始闭合。

然而即便此时，猎物仍然会有一线生机。（捕蝇草不会浪费能量去消化微小的猎物。）

如果感应刚毛被继续触碰，那么猎物将在劫难逃。又发生了五次触碰之后，捕蝇草的叶片已经完全闭合并注满了酸液，消化开始了。

5,

4,

3,

2,

1,

猎物被彻底困住了！

欢迎来到甲虫们的盛宴

南美洲的潘塔纳尔湿地是世界上最大的内陆湿地，你可能觉得所有的植物都能在这里获得足够的生长空间。然而浑浊的水体非常不利于光合作用，所以在水面之上，一场争夺最佳生长空间的激烈战斗打响了。在争夺阳光的战斗中，**亚马孙王莲**凭借碾压一切的力量统治了水面。

亚马孙王莲在水下长出带刺的芽苞。芽苞长出水面后像棍棒一样挥舞着，把其他植物推挤到一旁。带有尖刺的叶片展开之后直径可以超过 2 米，足以制止任何阻挡它扩张的植物。

亚马孙王莲的叶片几乎覆盖了整个水面，它的茎则固定在水下的淤泥里。每株亚马孙王莲可以长出 20 多个叶片，这些巨大的蜡质叶片独占了阳光，阻止了它下面其他植物的生长。

在赢得了水面上的战斗之后，这个池塘中最大的恶霸现在可以展示它的美丽花朵了。它的花蕾冒出了水面，当太阳落下时，一朵白色的雌花绽放了。这并不是普通的花朵，这里会成为湿地中最热闹的地方。

花朵内部的温度比环境温度高出 10 摄氏度，并散发着幽香，这朵花对于身体上沾满了其他亚马孙王莲花粉的**甲虫**来说是不可抗拒的。甲虫开始成群结队地出现，同时来的数量可达 40 只之多。随着盛宴的进行，花朵闭合了，甲虫被锁入其中。

甲虫们边吃边交流，盛宴一直延续到第二天。然而花朵自身却发生了变化。甲虫们并不知道，此时的雌花已经变成了雄花，并变成了粉红色。

直到第二天晚些时候，当亚马孙王莲的花朵不再散发香气时，花朵才慢慢打开。此时，身上沾满花粉的甲虫飞入了黑夜之中。之后，花朵最后一次闭合，它的胚珠已经完成了授粉，为下一季做好了准备。它慢慢地钻到了水下。

对于甲虫来说，盛宴还没有结束。是时候去探访水面上最新盛开的亚马孙王莲花朵了。

水生世界的居民

滚动，滚动，滚动

冬季的日本阿寒湖岸边散落着一团团绿色藻类植物。
冰面融化后，这些藻类植物被冲入清澈的湖水中，开始了它们的旅程。

它们慢慢地生长着，在微风和涟漪的推动下不停地滚动着，变成完美的球状。它们就是**湖球藻**。

大天鹅

湖球藻每年只能生长不到 1 厘米，可能需要 **100 年**的时间才能长到足球大小。

一些湖球藻从来没有长大的机会，它们会被饥饿的**大天鹅**吃掉，而滚动到深水中的湖球藻则会远离食草动物。

成千上万的湖球藻在湖床上越积越多，形成不同的湖底景观。

湖球藻

有人想吃沙拉吗？

在南美洲的池塘和湖泊中，大量的**大薸**漂浮在水面上，它们悬垂的根系可以从水中吸取养分。它们看起来和摸起来都很像毛茸茸的莴苣，而对于**麝雉**（也被称为臭鸟）来说，这些叶子就像一种难闻的沙拉。吃饱之后，麝雉便会在树上休息，让这种叶子在肚子里慢慢地发酵。

发酵的过程会产生大量的臭气，使麝雉臭屁连连。

散播种子的需要

与动物不同，植物无法选择在哪里抚养自己的后代，所以它们发展出了非常聪明的策略，以便将自己的种子散播到更远的地方。

一些植物通过产生大量的种子来增加繁殖成功的概率，比如**香蒲**（一种沼生草本植物）的每个蒲棒里可以容纳多达 22 万粒种子。

还有一些种子会游泳。在巴西的博尼图河上，鱼类和**榕属树木**之间建立了良好的关系。迁徙的**希氏石脂鲤**会跃出水面，吞食低垂的榕树枝条上结出的果实。在消化果实的日子里，希氏石脂鲤会逆流而上，把消化后剩下的种子排泄到新的水域。这使它们成为传播种子的信使。

扩张的浮萍

世界上最小的有花植物——**无根萍**，是一种浮萍属植物，它们很少开花，主要通过自我复制进行无性生殖。如果不加控制，一株浮萍植物能在四个多月的时间里覆盖整个地球。

海洋中的秘密花园

在我们的海洋世界里，有一类有花植物在 1 亿年前回到了海洋中，并开始在海浪之下生长、开花，那就是海草。它们可以在不断运动的高盐度海流中生存下来，海龟和儒艮的啃食也不会威胁到它们的生存，但是人类活动却对海草产生了严重的影响。

截止到 2000 年，由于疾病、人类对海水的污染，以及沿海栖息地的开发，地球上几乎一半的海草草甸消失了。这些海草草甸是许多海洋动物的家园，也是应对气候变化的重要武器。海草从大气中吸收碳元素的速度比热带雨林快 35 倍，它们同时也保护了我们的海岸线。

不过好消息是，人们为保护这些海草草甸所付出的努力正在改变这种局面。欧洲、美洲和中国的海草草甸面积在 80 年来首次出现增长。

我们的海上秘密花园有可能再次繁茂。

四季更迭

未雨绸缪

四季更迭对处于南北两极和热带之间的植物影响重大。这里有些是常绿植物，一年四季都有绿叶。有些则像这些落叶树，它们的叶子会在秋天掉落，所有资源都会被转移到根部，以确保自己顺利度过即将到来的寒冬。

它们全身光秃秃的，但并非毫无生气，大家耐心地等待着。当春天的阳光终于洒下来，就像打响了发令枪。**醒醒**，快**醒醒**，森林里的冰雪渐渐融化了。一场竞赛即将开始——森林居民们将在冬季再次来临之前觅食、生长以及繁殖后代。

在北美洲，随着树液开始上升，**糖槭**微微动起来。冬季时，糖槭将这种糖分和水的混合液储存在根部，现在，混合液被输送到糖槭的细枝，细枝很快就会长出叶子。

但在树液上升的同时，一种动物从睡梦中苏醒了……原来是一只睡眼蒙眬的**黑熊**。从冬眠中醒来的它饥饿难耐，是时候充分利用这个新季节了。

觊觎树液的不止黑熊。为了获得树液，**黄腹吸汁啄木鸟**疯狂地啄击树干。如果运气不错，**红喉北蜂鸟**可以偷吃到一些树液。

对很多季节性植物来说，时间很短暂。它们在每个季节分别需要完成特定的任务，它们需要在竞赛中使用秘密战术，成功完成繁殖。有些植物只要“听到”传粉动物靠近的声音就会提高花蜜的含糖量。还有一些植物，例如菊科蓟属植物，会长出长长的茎让花朵“鹤立鸡群”，以吸引传粉动物。

探索季节性森林，你会发现植物们在充分利用每个季节带来的机会，它们互相合作，互相沟通，有时也会互相欺骗。

季节性森林的更迭故事

操纵大师

刺臀土蜂出现了。每年春季，它都要完成一个任务。
没有翅膀的雌性刺臀土蜂即将从洞穴出来，
它需要雄性背着它去觅食，而且最好帮它找到它最喜欢的**刺叶树**。

但**铅色槌唇兰**也在打雄性刺臀土蜂的主意。铅色槌唇兰只有一朵不起眼的花，其魅力在于它的**骗术**。铅色槌唇兰的茎末端有一团很像昆虫的槌状物，看起来非常像一只雌性刺臀土蜂。它散发出的浓郁气味也与雌性刺臀土蜂的气味很相似。

雄性刺臀土蜂在空中飞行，
寻找配偶。
它**四处嗅闻**。
发现目标。
俯身下落……

来到槌子形状的花朵上。我们知道这不是雌性刺臀土蜂，而是一朵花。但雄性刺臀土蜂对此毫不知情。

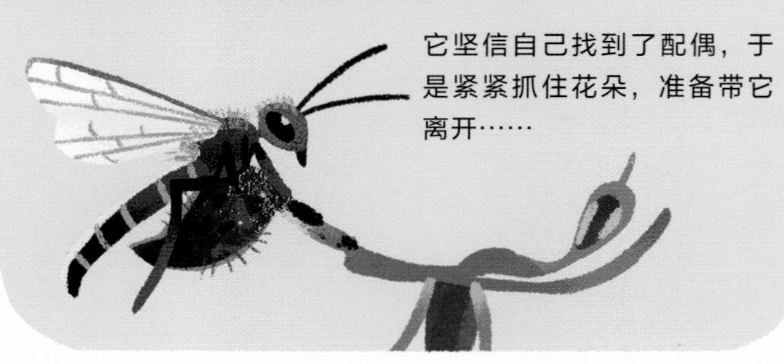

它坚信自己找到了配偶，于是紧紧抓住花朵，准备带它离开……

哎呀！

它一头栽到铅色槌唇兰的雄蕊上。铅色槌唇兰的花粉囊顺势沾在了雄性刺臀土蜂的背上。最终，雄蜂挣脱了，它有点儿摸不清状况。

也许下次寻找配偶时，它的运气会好些。但下次会是雌性，还是花朵呢？

它再次落下，然后……

哎呀！

它又中计了。

雄性刺臀土蜂不断地从一株铅色槌唇兰转到另一株铅色槌唇兰，不明就里地充当起它们的传粉者。雌性刺臀土蜂耐心地看着眼前的一切，它等待着属于它的“出租车”。

雄性刺臀土蜂最终会找到真正的雌性伴侣，协助对方完成进食。不过眼下，它屡屡中计，铅色槌唇兰的骗术成功了。

鬼鬼祟祟的机会主义者

春季，**菟丝子**的茎露出地面，与河岸边的悬钩子属植物及常春藤纠缠在一起。菟丝子没有叶子获取能量，你一定以为它们的未来渺茫。但这种聪明的植物可以**嗅到**机会。

菟丝子开始行动了。就像蛇的舌头在空气中嗅探危险一样，菟丝子的丝状茎沿着地面伸展，四处嗅探猎物。它猛然嗅到了**异株荨麻**的气味，于是攀到异株荨麻的茎上，一圈又一圈地缠绕起来。

菟丝子牢牢抓住异株荨麻，然后将它的寄生根插入异株荨麻的枝条内部，吸取养分。

每当寄生根死亡后，菟丝子又伸出更多的寄生根抢夺周围邻居的营养。菟丝子编织了一个错综复杂的大网，所到之处皆为它掌控。

树维网

嘘！听……在季节性森林里，
在我们的脚下……植物和真菌在“对话”。

真菌，例如**毒蝇鹅膏菌**，用又细又长的**菌丝体**编制了一个网络。这些菌丝体可以延伸到地下数公里的深度。菌丝体插入树根的末端，为树根提供养分，也为自己获取糖分。

但我们才刚刚知道植物和真菌之间的关系远比我们想象的复杂。

互相帮助的意愿是形成这种关系的基础。

正如互联网通过地下光缆传送信息一样，大自然也在地下建立了自己的通信网络，我们将这个网络称为树维网。科学家通过“窃听”树维网传输的信息，发现年长的母株会用深扎地下的根系吸收养分，并将养分输送给周围那些根系较浅的幼苗，帮助它们存活。

一旦有植物遇到麻烦，母株还能接收到它们发出的痛苦信号，并且以同样的方式与它们分享养分。濒死的树木会将自己储存的养分送给周围健康的同类，甚至

植物通过真菌的菌丝体相互连接，令人难以置信的是，它们不仅通过菌丝体交换食物，它们

攻击

食叶动物

植物受到

们会通过真菌网络发出**求救信号**，向邻居发出警报。然后，它们会释放化学驱虫剂抵御胃口大开的天敌。

树维网是一个社交场所，但它也有黑暗的一面。在北美洲，纤弱的**头蕊兰属植物**实际上是危险分子，它们可以侵入树维网，从其他树木那儿窃取碳元素，而**黑胡桃**会释放毒素攻击自己的邻居。

在我们的脚下有一个复杂的生命之网，而它的成员们现在可能正聊得起劲呢。

季节性森林的居民

橡树的叶子

它们喜欢摆动来，摆动去

年轻的**雏菊**特别喜欢春天的阳光。我们通过慢镜头可以看到，它们会随着太阳在天空中由东到西的移动轨迹来回摇摆。这就是**向日性**。虽然看起来雏菊会很累，但这是它们吸收最多阳光、健康生长的最佳方式。

当秋季的初霜降临时，不是所有植物都做好了准备。这些优雅的“**霜花**”由冰雕刻而成。午夜，当植物的茎释放的水分在空气中结冰，形成脆弱的“花瓣”时，霜花就出现了。它们很脆弱，只能短暂驻留，太阳一出来，它们就会不见踪迹。

晚间宵禁：夜幕降临后，它们会闭上花瓣，休养生息。

黎明时分，雏菊又会抻抻懒腰，把脸转向东方，开始新一天的日光浴。

叶子中的奥秘

叶子大小不一，形状各异。

矮柳的叶子

矮柳是世界上最矮的树，生长在极寒的北极地区的矮柳紧贴地面生长，叶子的宽度为 3 毫米，相当于半粒米的大小。而一球悬铃木（美国梧桐）的叶子很大，酷似枫叶，可以长到 20 厘米宽——比一个 8 岁孩子的手还宽。

在阳光充足的林冠层，植物的叶子往往比较小（例如橡树的叶子），而在下方的阴凉处，植物的叶子往往比较大（例如山茱萸的叶子）。季节性植物的叶子需要长得足够大，才能更好地吸收阳光进行光合作用，但它们的叶子又不能长得太大，否则会散失宝贵的热量，夜间的霜冻也会对它们造成威胁。

一球悬铃木的叶子

山茱萸的叶子

令人眼花缭乱的洞穴

从上方观察，北极狐的家就像处在枯萎的苔原植被之间的夏日绿洲——它们的巢穴挖得很深，可能已有百年历史，洞口被茂密的野草和野花覆盖。北极狐在无意中成了园丁，因为它们的粪便、尿液和食物残渣富含营养，能促进野草和野花的生长。它们五颜六色的洞穴吸引了苔原地带的各种野生动物。

夏天的北极狐

狡猾的“便便”

你可能会觉得闻起来像粪便并不是什么好事，但南非的**银白镊被灯草**深知这其中的好处。

通常，**大林羚**刚排泄完，小小的**蜣螂**就会忙碌起来。它们迅速地跑过来争抢粪便，然后把粪球滚进洞穴，这样它们就能在粪便上产卵。

到了夏天，银白镊被灯草会结出圆形的种子。这些种子的形状和气味都跟大林羚的粪便很像。

蜣螂会误把这些种子当成大林羚的粪便，于是会把这些种子推进自己的洞穴。这样，蜣螂就帮助银白镊被灯草完成了播种工作。

银白镊被灯草

大林羚的粪便

银白镊被灯草的种子

蜣螂

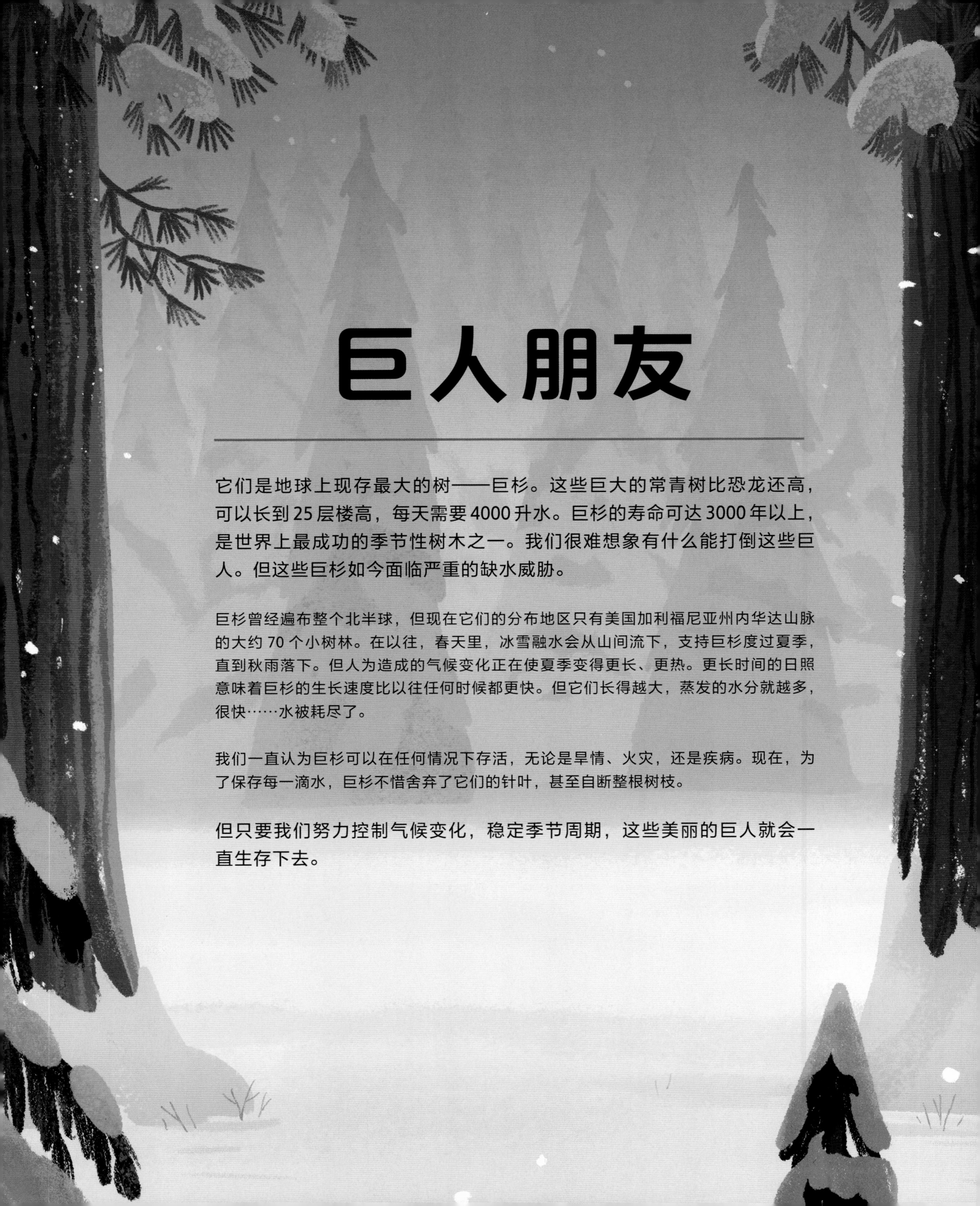

巨人朋友

它们是地球上现存最大的树——巨杉。这些巨大的常青树比恐龙还高，可以长到25层楼高，每天需要4000升水。巨杉的寿命可达3000年以上，是世界上最成功的季节性树木之一。我们很难想象有什么能打倒这些巨人。但这些巨杉如今面临严重的缺水威胁。

巨杉曾经遍布整个北半球，但现在它们的分布地区只有美国加利福尼亚州内华达山脉的大约70个小树林。在以往，春天里，冰雪融水会从山间流下，支持巨杉度过夏季，直到秋雨落下。但人为造成的气候变化正在使夏季变得更长、更热。更长时间的日照意味着巨杉的生长速度比以往任何时候都更快。但它们长得越大，蒸发的水分就越多，很快……水被耗尽了。

我们一直认为巨杉可以在任何情况下存活，无论是旱情、火灾，还是疾病。现在，为了保存每一滴水，巨杉不惜舍弃了它们的针叶，甚至自断整根树枝。

但只要我们努力控制气候变化，稳定季节周期，这些美丽的巨人就会一直生存下去。

人类

我们耕耘人间

植物与我们的绿色星球紧密相联，使所有生物都能以地球为家。但有时我们却对植物熟视无睹。回想一下，你最近一次看到的动物是什么？你记得起它的颜色或名字吗？再想想你最近一次看到的植物，你能记得起它吗？

我们时常忽视植物的存在，这一现象被科学家称为**植物盲**，这意味着我们对周围的所有植物缺乏重视。

几千年来，我们与植物的关系已然改变。在很长一段时间里，人类和植物一同演化，许多植物物种在人类创造的新环境中茁壮成长。但随着时间的推移，我们开始培育喜欢的植物。我们决定一些植物该呈现出什么特征，让它们增强抗病性，提高产量，或长出最漂亮的花朵。

就在我们试图更便捷地生产粮食的同时，生物多样性（地球上生命形式的多样性）遭到了破坏。在许多地区，这导致了单一作物栽培（只生产一种作物）的现象。在我们的精挑细选下，单一的植物物种如流水线般源源不绝地生产着食物和木材。

我们的一意孤行是有代价的：破坏生物多样性，就相当于削弱整个生态系统。

今天，植物正在快速消失——在过去的250年里，已经有将近600种植物灭绝。其连锁反应对大自然的方方面面，包括人类在内，造成了巨大的影响。

我们的生活离不开植物，显然，如今植物同样离不开我们。

幸好，我们作为绿色星球的居民，下定决心要好好保护它。每个人都可以贡献自己的力量。

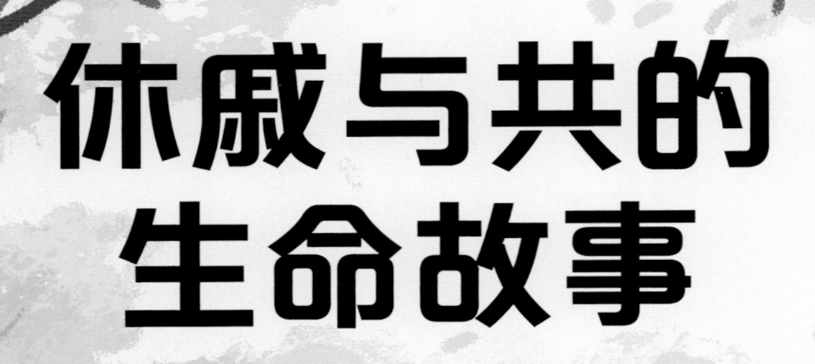

休戚与共的生命故事

生命之桥

印度梅加拉亚邦坐落于陡峭的山峦之上，毗邻孟加拉平原，是世界最潮湿的地方之一。在这里，雨季引发洪涝，形成滚滚的泥石流，卷走沿途的一切……人类很难在此生存。然而，就在瀑布溅起的水雾之中，**印度榕**凭借自身的非凡特性，跨越汹涌澎湃的河流与难以逾越的沟壑，为当地的卡西人提供了一条连通外界的生命线。

印度榕错综复杂的**气生根**可以牢牢固定在滑溜溜的岩石上。卡西人用一生的心血将这些根系编织成一座有生命的桥梁。卡西人给予印度榕充分的时间生长，在树荫下创造了一道意义非凡的风景。

这样的桥梁能延伸**50余米**，保存**几个世纪。**

由此可以证明，如果我们选择与自然合作而非对抗，就可以成就一番伟大的壮举。

草地守护者

埃塞俄比亚迷雾笼罩的高地平原并非理想的安居之处。这里空气稀薄，白天烈日炎炎，晚上寒风刺骨，只有强者才能在此生存。在这片平原上，谁是最坚韧的居民？答案是看似不起眼的**羊茅**。

羊茅坚韧的茎长满尖刺，可以保护自己抵御极端的温度和动物的啃咬。人类充分利用它的特征，用它填充床垫，编织绳索和茅草屋顶。由于人口的不断增长，羊茅正在迅速消失。为了种植更多的农作物，饲养更多的牲畜，大片草场遭到清理，地面因此变干龟裂。

但在这里的一处偏远角落，有一片绿草如茵的绿洲。

在如波浪般翻涌的羊茅中，**狮尾狒**随处可见，它们有时会被称为“心会流血的动物”。周围还会出现一身姜黄色毛皮的**埃塞俄比亚狼**。

这里是门兹－瓜沙社区保护地。在人们的保护下，这里保持着丰富的生物多样性。

羊茅对偷猎者是有利的，他们会带着镰刀埋伏在羊茅丛中。但瓜沙当地人已经守护这里 400 多年，他们竭力确保这片重要的栖息地保持健康。

休戚与共的居民

精挑细选的播种者

植物常常借助动物将种子传播到自己力所不及的地方。对人类来说，收集散落在四处的种子很辛苦，但通过选择性育种，人类培育出了播种方式更为便捷的植物。

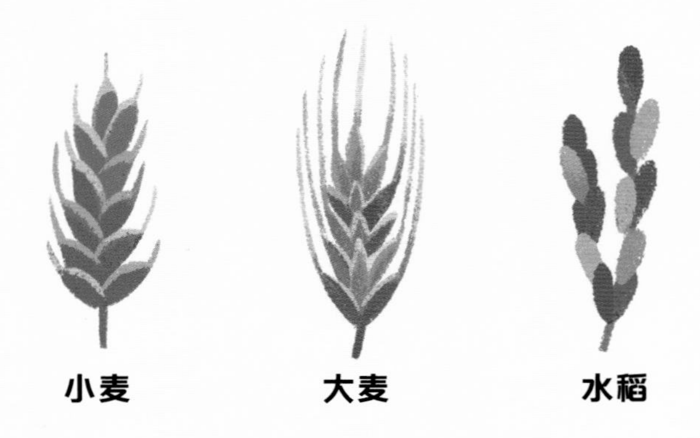

在野外，**小麦**、**大麦**和**水稻**等谷类作物成熟时，种子会自然地从穗上脱落。而现在，在我们的培育下，这些作物可以结出更大的种子，种子会留在穗上，直到我们进行收获，然后吃掉它们。

有一种野生植物可以用独一无二的方式寻找完美的播种地点。**野燕麦**的种子像一只带刺的老鼠，用两根长长的芒在地面上挪动，这样它就可以慢慢“行走”，寻找可供藏身的岩石或可以钻入的裂缝，以便它能顺利生长。

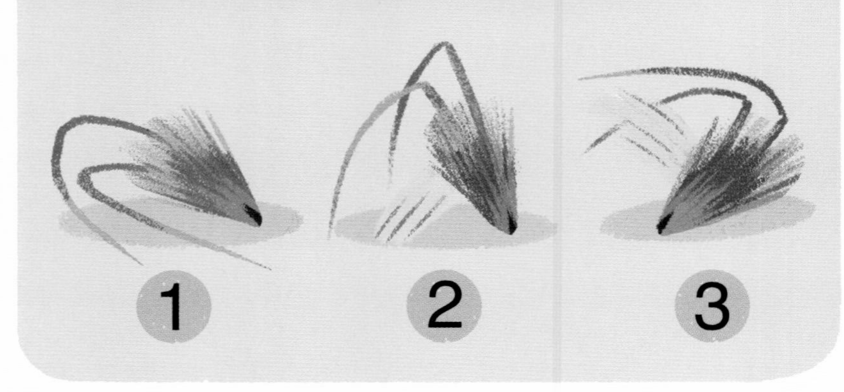

雇用蜜蜂的扁桃树

美国加利福尼亚州干旱的中央谷地种植了世界上大约82% 的**扁桃树**。这是一种大规模的单一作物栽培，所形成的产业价值数十亿美元，发展速度非常迅猛。扁桃树的种植规模不断扩大，违背了自然规律，因此没有足够的本地昆虫进行传粉，农民只好用卡车运来**西方蜜蜂**来完成这项任务。

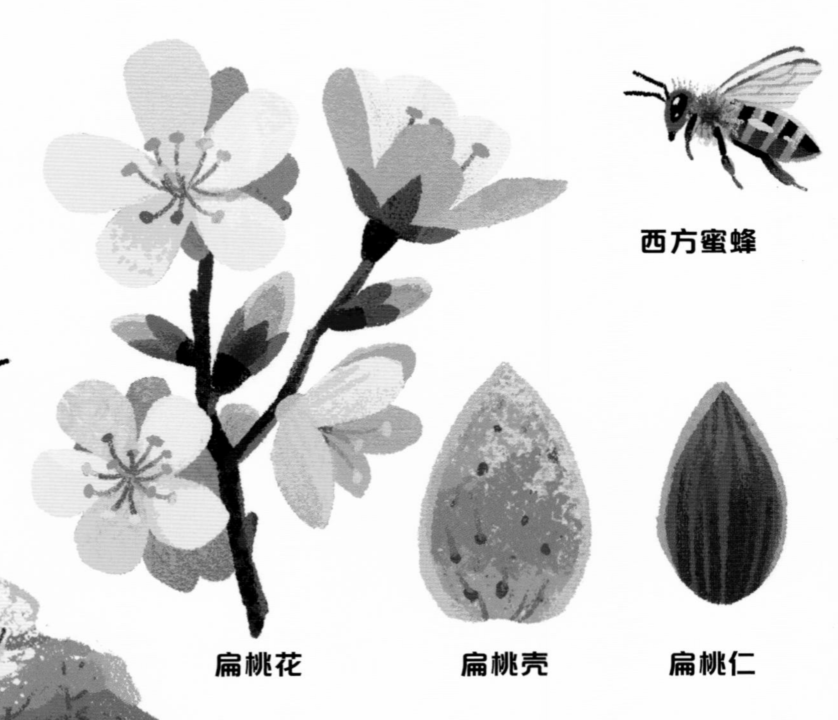

狡猾的野草

在充斥着混凝土、汽车和化学制剂的城镇中，只有最狡猾、最无畏的植物才能生存。有些植物可以利用在原有栖息环境中的生存技巧克服城市中的阻碍，从而在看似不可能的地方生存下来。

这是一堵普通的砖墙，但对植物来说，它就如同珠穆朗玛峰。但你看，有植物找到了立足点。坚定的**蔓柳穿鱼**竭尽全力往上爬，利用每一个角落和缝隙抬腿，呃，抬叶。与大多数有花植物一样，它的花茎会向有光线的方向弯曲，以吸引传粉动物造访花朵。但是等到花期结束，它的种荚就会朝向黑暗的地方生长，藏进缝隙里。

蔓柳穿鱼

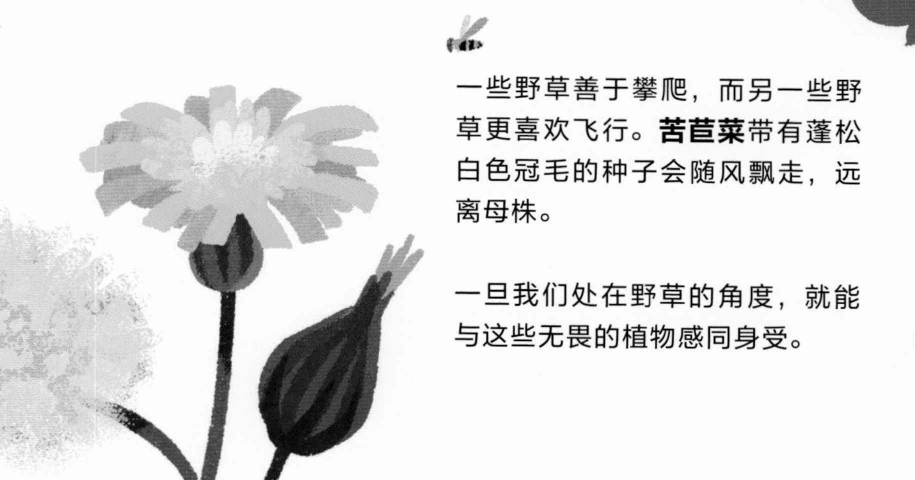

一些野草善于攀爬，而另一些野草更喜欢飞行。**苦苣菜**带有蓬松白色冠毛的种子会随风飘走，远离母株。

一旦我们处在野草的角度，就能与这些无畏的植物感同身受。

苦苣菜的种子

压力重重的传粉动物

约有 40% 的无脊椎传粉动物，特别是蜜蜂和蝴蝶，现在濒临灭绝。其原因是农场和花园中杀虫剂的滥用，以及栖息地减少导致的这些传粉动物的食物来源减少。值得庆幸的是，人们逐渐意识到这些传粉动物对于我们的每一口粮食而言有多么重要。我们可以通过改变耕种和园艺的方式来保护这些传粉动物以及它们所需的野生植物。

熊蜂

胡蜂

丽蝇

蜂鸟鹰蛾

大自然会找到出路

正是有了植物，这个绿色星球才真正成了我们的家园。然而，越来越多的森林和草原因为人类的发展而消失——随着人类世界的扩张，植物的世界在不断缩小。

据科学家估计，除南极洲以外地球 77% 的陆地已经被改变，我们用灰色扼杀了绿色，“种植”出我们的混凝土丛林，并且不停地开垦和开采土地。那些敢于窥视我们领地的植物并不受欢迎，我们会喷洒除草剂，不遗余力地清除它们。但没有任何地方比混凝土丛林更能说明植物非凡的毅力。即使在这里，大自然有时也会找到突围的方法。

在中国香港拥挤的街道上，由几百年前鸟类或蝙蝠遗落的种子长成的榕树，已经在城市的石墙中编织出了独一无二的道路。树木缠绕着废弃的建筑，大自然在城市中占据了一席之地。这证明了我们的绿色星球具有非凡的复原力，即使在钢筋混凝土中，绿色仍然可以蔓延生长。

在人类的帮助下，无论是花园还是农田都可以焕发光彩。我们是确保绿色星球得以壮大的重要一环。

呼吁所有

植物保护者

自古以来，人类世界和植物的世界相得益彰。但近几十年来，这种平衡出现了变化，今天，大约 40% 的植物物种面临灭绝。不过希望依然存在：人类可以学着纠正自己的错误。从全球项目到地方行动，植物保护者们正在帮助我们的绿色星球再次繁荣起来。

地方行动：种子球

在非洲，木炭是人们生活必需的燃料。它们需要通过燃烧树木制得，数百万棵树木因此遭到砍伐和焚烧。而在肯尼亚的干旱地区，当地社区采用“投掷种植”的方式重新造林。人们将古老的**金合欢树**的种子塞进废弃的木炭球里。然后，它们或被人们从滑翔伞和直升机上抛撒而下，或被交给学生抛撒，或随着放牧的骆驼散播，甚至被弹弓发射到远方。每个人都在为恢复森林尽一份力。

全球项目：保护种子

每周都有来自世界各地的种子被收集并储存在种子库中。英国的邱园千年种子库是世界上最大和最具多样性的种子库。在这里，来自 190 个国家、涵盖近 4 万种植物的 20 多亿颗种子被安全地保存起来，以应对未来可能发生的环境灾难。除了保护种子，邱园的科学家们还在世界各地寻找新的物种，探索气候变化对它们产生的影响。

借鉴邱园的经验，我国也在云南昆明建立了“中国西南野生生物种质资源库”，以保护国际生物多样性。

个人行动：传承绿色

1994 年，塞巴斯蒂昂 · 萨尔加多和莱莉娅 · 瓦尼克 · 萨尔加多在巴西继承了一片家族牧场。令他们意外的是，塞巴斯蒂昂儿时记忆中郁郁葱葱的景象如今已变得寸草不生。这片牧场曾经是大西洋雨林的一部分，而如今树木被砍伐作为木材，土壤因放牧而遭侵蚀，水源也已干涸。

1994

2019

壮大你的绿色星球

植物是伟大的。它们提供了我们呼吸所需的氧气、我们吃的食物、一些我们服用的药物，甚至为我们提供住处。从更深的意义上来说，植物还能够触动我们的内心，随处可见的绿地可以抚慰我们忙碌的心灵，缅怀逝者时我们佩戴金盏花，而婚礼时我们会抛撒花瓣祝福。今天，植物的生存困难重重，但正如本书中的故事所显示的那样，植物足智多谋、生命力顽强，在我们的帮助下，它们可以茁壮成长。

你可以通过以下方式参与我们的“绿色变革”。

你的花园是否绿意盎然?

只需一片面积不用很大的地方，你就能绿化我们的世界。无论是窗台上的花箱，还是小巧的花盆都算得上是自然空间。仔细观察家庭或学校，你会发现旧靴子、酸奶罐，甚至空心蛋壳都可以用来种上一株嫩芽。

走向野外

花园、公园或路边略显凌乱的草丛不一定是无人打理、无人呵护。减少修剪草坪的次数，大自然就有机会绽放活力。埋藏已久的种子突然发芽，野花向蜜蜂和蝴蝶招手，它们可以完成至关重要的传粉使命。

走向自然

除草剂和杀虫剂可以消灭讨厌的杂草和虫子，但它同样会伤害我们的绿色星球……甚至我们自己！没有昆虫，鸟类、两栖动物和爬行动物吃什么？谁来给花朵传粉？杀虫剂和除草剂中的化学物质会常年残留于植物根部和土壤，最终进入我们的食物和水中。你可以看看你的学校里有没有种植不使用化学药品的水果和蔬菜——它们对大自然有益处，而且很好吃。

动手植树吧

森林可以吸收工厂、飞机和汽车排放出的二氧化碳气体并将其储存在树干和根部。湿地和草原也可以通过土壤固碳来延缓地球变暖的速度。好消息是，你也可以伸出援手，参与环保项目，恢复以前被砍伐的森林或者保护天然草场和湿地。

我们的生活与植物密不可分，息息相关
——人与植物只有彼此依赖，才能生存。

现在翻开新的一“叶”，还不算太晚。

人类和植物不仅可以共同生存……我们还可以在同一个绿色星球上一起茁壮成长。